FORSCHUNGSBERICHT DES LANDES NORDRHEIN-WESTFALEN

Nr. 2992 / Fachgruppe Maschinenbau/Verfahrenstechnik

Herausgegeben vom Minister für Wissenschaft und Forschung

Priv.-Doz. Dr. rer. nat. Franz-Rudolf Block
Dipl.-Chem. Michael Ahlers
Dr. rer. nat. Albert Behr
Dipl.-Ing. Ralf Gorny
Dipl.-Phys. Rudolf Franz Speicher
Institut für Eisenhüttenkunde
der Rhein.-Westf. Techn. Hochschule Aachen

Studie zur kontinuierlichen
Wasserstoffgewinnung durch
Wasserdampfzersetzung an Metallen

Springer Fachmedien Wiesbaden GmbH 1980

CIP-Kurztitelaufnahme der Deutschen Bibliothek

Studie zur kontinuierlichen Wasserstoffgewinnung durch Wasserdampfzersetzung an Metallen /
Franz-Rudolf Block ... - Opladen : Westdeutscher Verlag, 1980.

(Forschungsberichte des Landes Nordrhein-
Westfalen ; Nr. 2992 : Fachgruppe Maschinenbau, Verfahrenstechnik)

ISBN 978-3-531-02992-4   ISBN 978-3-322-88452-7 (eBook)
DOI 10.1007/978-3-322-88452-7

NE: Block, Franz-Rudolf [Mitverf.]

© Springer Fachmedien Wiesbaden 1980
Originally published by Westdeutscher Verlag GmbH, Opladen

Inhalt

1.	Einleitung	1
2.	Stand der Technik	3
	2.1 Eisen-Dampf-Prozesse	3
	2.2 Neue technisch erprobte Verfahren zur Reduktion von Eisenoxiden und ihre Brauchbarkeit für den Metall-Dampf-Prozeß	8
3.	Überlegungen zur Verbesserung des Metall-Dampfprozesses	11
	3.1 Die stationäre Arbeitsweise	11
	3.2 Kreislaufmaterialien	12
	3.2.1 Form	12
	3.2.2 Zusammensetzung	12
	3.3 Schachtprozesse	14
	3.3.1 Der Oxidationsschacht	16
	3.3.2 Der Reduktionsschacht	25
	3.3.3 Flußdiagramm, Massen- und Energiebilanz	29
	3.4 Das Drehrohr-Schacht-Verfahren	35
4.	Zusammenfassung	40
5.	Literaturverzeichnis	44
6.	Tabellenanhang	45

1 Einleitung

Wasserstoff ist ein wichtiger Rohstoff für technische Synthesen wie Methanol oder Ammoniak, für die Schwerölaufbereitung, die hydrierende Kohlevergasung und die Fetthärtung. Nach Meinung zahlreicher Fachleute kann Wasserstoff außerdem als _der_ Energieträger der Zukunft angesehen werden, da seine Verbrennung zu Wasser umweltfreundlich ist, die Herstellung mit Hilfe jeder Primärenergiequelle und eine Verteilung in Pipe-lines möglich ist.

Die konventionelle Wasserstoffgewinnung basiert auf Industriebenzin (Naphta), Schweröl oder Erdgas, deren Verknappung und Verteuerung absehbar sind. Daher müssen in Zukunft andere Energiequellen zur Herstellung von Wasserstoff herangezogen werden.

Die Kernenergie ist umstritten, ihr weiterer Ausbau hängt von einem Entscheidungsprozeß ab, dessen Ende und Ergebnis derzeit nicht vorhersehbar sind.

Alternative Energieversorgungen, wie die Ausnutzung der Solarenergie durch Photoredox-Methoden oder auf biologischem Wege, befinden sich erst im Stadium der theoretischen Untersuchung oder im Laborversuch. Der Zeitpunkt für einen großtechnischen Einsatz ist daher momentan noch nicht absehbar.

Für eine gesicherte mittelfristige Energieversorgung muß daher auf die Kohle zurückgegriffen werden, die noch mit ausreichenden Reserven vorhanden ist.

Wasserstoff ist bereits zu Beginn dieses Jahrhunderts großtechnisch mit Hilfe von Kohle nach dem Messerschmidt-Verfahren hergestellt worden. Bei diesem Eisen-Dampf-Prozeß wird der Sauerstoff des Wasserdampfes an rotglühendes Eisen gebunden. Es entstehen Wasserstoff und Eisenoxide, die durch Generatorgas wieder reduziert werden.

Damit Wasserstoff in einem Metall-Dampf-Prozeß heute wirtschaftlich gewonnen werden kann, muß das Verfahren jedoch dem heutigen Energie- und Arbeitsmarkt und der modernen Technologie angepaßt werden. Die vorliegende Studie beschäftigt sich dazu mit folgenden Fragen:

1. Welche verfahrenstechnische Möglichkeiten bieten sich an, einen Metall-Dampf-Prozeß kontinuierlich zu betreiben?

2. Welche Metalle lassen sich in einem solchen Kreisprozeß verwenden, und welche Ausbeuten an Wasserstoff sind im Vergleich zum Eisen-Dampf-Prozeß zu erwarten?

3. Welche Anforderungen sind an die Reduktionsgase zu stellen und nach welchen Verfahren und aus welchen Kohlen sind sie zweckmäßig zu erzeugen?

Da eine Weiterentwicklung des Metall-Dampf-Prozesses zweckmäßig von Bestehendem ausgeht, werden zunächst in einem gesonderten Kapitel die wichtigsten Ergebnisse bereits betriebener oder erforschter Verfahren kurz zusammengefaßt.
Hierbei soll zunächst auf die eigentlichen Metall-Dampf-Prozesse eingegangen werden. Dann aber soll der Reduktionsteilschritt gesondert betrachtet werden. Denn gerade auf diesem Gebiete sind durch die Direktreduktionsverfahren im letzten Jahrzehnt große Fortschritte erzielt worden, die für die Weiterentwicklung des Gesamtprozesses nützlich sein können.

2 Stand der Technik

2.1 Eisen-Dampf-Prozesse

Der Eisen-Dampf-Prozeß ist eines der ältesten Verfahren zur Herstellung von Wasserstoff und war bereits im 18. Jahrhundert bekannt. Das Verfahren beruht darauf, daß Eisen im rotglühenden Zustand den Sauerstoff des Wasserdampfes bindet, so daß Wasserstoff und Eisenoxide entstehen. Vorzugsweise werden sich dabei Wüstit (FeO) und Magnetit (Fe_3O_4) bilden, da Hämatit (Fe_2O_3) schon durch Spuren von Wasserstoff wieder reduziert wird. Die Reaktionen verlaufen exotherm:

$$Fe + H_2O = FeO + H_2 \quad ; \Delta H = -24 \text{ kJ/mol}$$
$$3Fe + 4H_2O = Fe_3O_4 + 4H_2 ; \Delta H = -149 \text{ kJ/mol}$$
$$3FeO + H_2O = Fe_3O_4 + H_2 \quad ; \Delta H = -77 \text{ kJ/mol}$$

Die Lage der Reaktionsgleichgewichte zeigt Bild 1.

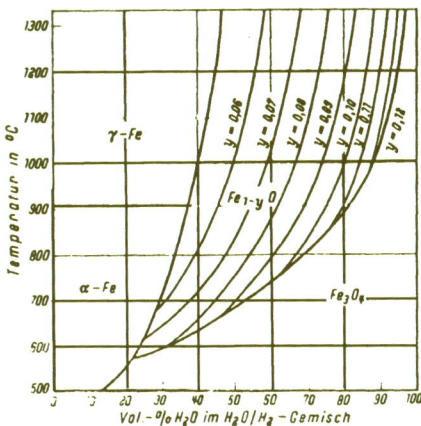

Bild 1: Gleichgewichte zwischen Eisen, Wüstit, Magnetit und Wasserstoff-Wasserdampf-Gemischen [1]

Zu Beginn dieses Jahrhunderts hatte der Eisen-Dampf-Prozeß als Messerschmitt-Verfahren technische Bedeutung erlangt. Der Wasserstoff wurde in einer von außen beheizten Kammer erzeugt, die mit einem festen Bett aus stückigem, reduzier-

tem Eisenerz gefüllt war. War das Eisen verbraucht, wurde
es in einer zweiten Prozeßstufe mit Generator- oder Wassergas regeneriert. Zwischen Reduktion und Wasserstofferzeugung
mußte eine Spülperiode eingeschoben werden, um Reste des Reduktionsgases zu entfernen, die sonst den Wasserstoff verunreinigt hätten [2].

Im Laufe der Zeit verdrängten Verfahren auf der Basis des
billigeren Mineralöls den Eisen-Dampf-Prozeß. Seit jedoch
die Verknappung der Ölvorräte absehbar ist, werden Anstrengungen unternommen, damit dieser Prozeß durch Verbesserungen,
insbesondere durch eine kontinuierliche Betriebsweise möglichst bald wieder konkurrenzfähig wird.

Wichtige Vorschläge und Untersuchungen dazu stammen in jüngerer Zeit vor allem von folgenden Institutionen:

1. Pittsburgh Coal Research Center [3,4]
2. Esso Research and Engineering Company [5]
3. Institute of Gas Technology [6].

Die drei Vorschläge unterscheiden sich nur unwesentlich
voneinander, jeweils sollen ein- oder mehrstufige Wirbelbetten
kontinuierlich betrieben werden.

Ihre für die Beurteilung künftiger Entwicklungsmöglichkeiten
wichtigsten Daten werden im folgenden zusammengestellt.

<u>Zu 1:</u>
Am Pittsburgh Coal Research Center wurde eine Pilotanlage
betrieben, deren Reaktionsrohr 6 m in der Länge und 5 cm im
Durchmesser maß. Der Reaktor wurde von außen beheizt und abwechselnd mit Eisen- oder Eisenoxidpulver beschickt. Der
Feststoff wurde kontinuierlich oben zugeführt, die Reaktionsgase stiegen im Gegenstrom auf. Sie wurden an der Spitze abgezogen, gereinigt und analysiert. Der Durchsatz betrug
5 bis 10 kg Feststoff/Stunde.

Die Oxidation durch Wasserdampf bei 700 - 800 °C und 4 - 15 bar
liefert ein Gasgemisch mit 34 - 69 Vol-% Wasserstoff. Der

Rest besteht aus nicht umgesetztem Dampf, der auskondensiert wird, und Verunreinigungen. Das trockene Produktgas enthält 91 - 97 % Wasserstoff, Kohlenmonoxid und -dioxid in etwa gleichen Mengen und einen geringen Anteil Methan. Der Reduktionsgrad des Feststoffes - das ist der abgebaute Sauerstoffanteil des Fe_3O_4 - wird von Eingangswerten zwischen 25 und 30 % auf 15 bis 10 % gesenkt. Zur Reduktion dient ein Generatorgas, das etwa zur Hälfte aus Stickstoff besteht und beim Eintritt einen Oxidationsgrad

$$\eta_{ox} = \frac{CO_2 + H_2O}{CO + CO_2 + H_2 + H_2O}$$

von 10 - 20 % besitzt. Der Reduktionsgrad des Eisenoxids steigt von 5 - 7 % auf 24 - 30 %.

Der Temperaturbereich wird durch zwei Faktoren begrenzt: Oberhalb von 800 °C agglomerieren die Erzpartikel, unter 600 °C wird der Zerfall von Kohlenmonoxid zu Ruß und Kohlendioxid übermäßig groß. Sowohl bei der Reduktion als auch bei der Oxidation werden bei etwa 750 °C maximale Umsatzraten erzielt.

Eine Druckerhöhung erlaubt eine Steigerung des Durchsatzes bei gleichbleibendem Umsetzungsgrad, so lange die Dichten der Produktgase noch weit ab von den Gleichgewichtswerten sind. Durch Zugabe von Alkalien oder Erdalkalien oder Chromoxiden konnte die Reaktionsrate des Eisenoxides gesteigert werden, während Quarz und Tonerde die Umsetzung zu verlangsamen scheinen. Der thermische Wirkungsgrad wird zu rund 40 % abgeschätzt.

<u>Zu 2:</u>

Beim Verfahren der Esso erfolgt die Oxidation durch Wasserdampf bei 500 - 600 °C und Drücken bis 100 bar. Die Reduktion geschieht durch Methan bei 600 - 850 °C und 2 - 3 bar. Die Beschickung besteht zu 60 - 95 Gew-% aus Eisen und im übrigen aus Wüstit.

Der Metallisierungsgrad von 95 % wird nicht überschritten, damit sich kein Kohlenstoff abscheidet. Rund 50 % des Dampfes werden zu Wasserstoff umgesetzt.

Zu 3:

Der Verfahrensvorschlag des Instituts of Gas Technology unterscheidet sich von den vorangehenden dadurch, daß höhere Gehalte an Kohlenoxiden im Produktgas nicht stören, da dieses zur hydrierenden Kohlevergasung eingesetzt werden soll. Der kokshaltige Rückstand der Vergasung wird mit Luft und Dampf zu einem Schwachgas umgesetzt, das die Eisenoxide reduziert. Oxidation und Reduktion sollen bei diesem Verfahrensvorschlag bei 820 °C und 77 bar jeweils in zweistufigen Wirbelbettreaktoren durchgeführt werden.

Im oberen Wirbelbett wird Fe_3O_4 mit Reduktionsgas aus der vorhergehenden Stufe zu FeO reduziert, daran schließt sich die Reduktion zu metallischem Eisen mit frischem Reduktionsgas in der zweiten Wirbelbettstufe an.

In der dritten Stufe erfolgt die Oxidation des metallischen Eisens zu FeO mit einem Gemisch aus 30 % Wasserstoff und 70 % Dampf, welches in der untersten Stufe durch die Umsetzung des FeO zu Fe_3O_4 erzeugt wurde. Das Produktgas soll 45 % Wasserstoff enthalten.
Die stufenweise Gegenstromführung erlaubt eine höhere Ausnutzung des Reduktionsgases und eine weitergehende Oxidation des Eisens.

Keines der drei erwähnten Verfahren und auch keines der vielen weiteren, aus der Patentliteratur bekannten Verfahren, wird bislang technisch eingesetzt. Die Begründung hierfür liegt zum einen in der Tatsache, daß die auf den Heizwert bezogenen Preise bei Mineralölprodukten und Erdgas immer noch erheblich günstiger liegen als bei Kohle und zum anderen in den Eigenschaften des Wirbelbettverfahrens.

Im Wirbelbett werden zwar hohe Reaktionsraten durch einen intensiven Kontakt zwischen Gas und Feststoff sowie ein guter Wärmeübergang, aber nur geringe Ausnutzungsgrade erreicht. Denn das Bett wird so stark durchmischt, daß sich ohne besondere Maßnahmen, wie Einbauten oder Aufteilen in zahlreiche Betten, keine Gegenstromführung realisieren läßt. Außerdem neigen die feinen Erzpartikel zum Aneinandersintern, auch Sticking genannt, wodurch der Verfahrensablauf erheblich gestört wird.

2.2 Neue technisch erprobte Verfahren zur Reduktion von Eisenoxiden und ihre Brauchbarkeit für den Metall-Dampf-Prozeß

Ein Teilschritt im Eisen-Dampf-Prozeß ist die Reduktion der Eisenoxide. Gerade auf diesem Gebiet der Reduktion von Eisenerzen außerhalb des Hochofens, kurz Direktreduktion genannt, sind im letzten Jahrzehnt erhebliche Fortschritte zu verzeichnen.

Können die Techniken der Direktreduktion für den Metall-Dampf-Prozeß übernommen werden, so stehen damit bewährte, leistungsfähige Aggregate zur Verfügung. Der Entwicklungsaufwand wäre erheblich reduziert und das Verfahren in kurzer Zeit einsatzbereit. Da beide Teilprozesse, die Reduktion der Eisenoxide und die Oxidation des Eisens sehr verwandte Prozesse sind, lassen sich die Ergebnisse der Direktreduktion auch noch weitgehend auf den Oxidationsprozeß übertragen. Bild 2 zeigt einen Überblick über die Anteile der verschiedenen Direktreduktionsverfahren an der Eisenschwammerzeugung und gibt damit zugleich einen Hinweis zum Entwicklungsstand dieser Prozesse.

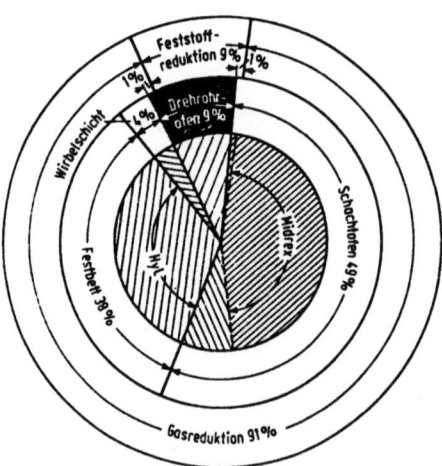

Bild 2: Anteile der verschiedenen Verfahrenssysteme an der Gesamtkapazität der in der Welt in Betrieb und Planung befindlichen Direktreduktionsanlagen [7]

Der äußere Kreis gibt die Anteile der Reduktionsmittel
Gas oder Feststoff an; im mittleren sind die Verfahren
nach der Bewegung des Feststoffes unterteilt in ruhendes
Festbett, Wirbelschicht, Drehrohr und Schachtofen, und im
innersten Kreis sind die Anteile der verschiedenen Verfahren aufgezeigt.

Die Wirbelschichtverfahren werden am wenigsten eingesetzt.
Stickingerscheinungen stören den Betrieb und der spezifische
Energieverbrauch ist hoch. Sie sind daher - auch wenn die
im vorangehenden Kapitel vorgestellten Projekte Wirbelschichtverfahren sind - für den Metall-Dampf-Prozeß weniger
geeignet!

Das Kammerverfahren der Hojalata y Lamina S.A. (Hyl) zeichnet sich durch eine einfache und sichere Verfahrensführung
aus, arbeitet aber zyklisch und erfordert ebenfalls einen
hohen spezifischen Energieverbrauch. Deshalb erscheint auch
das Hyl-Verfahren als Teilprozeß bei der Wasserstofferzeugung weniger geeignet.

Die Drehrohrverfahren besitzen zur Zeit nur einen geringen
Anteil an der Eisenschwammproduktion, jedoch befinden sich
mehrere Anlagen im Bau. In die Drehrohröfen wird Kohle als
Reduktionsmittel eingesetzt und dort vergast, während bei
den übrigen Verfahren die Reduktionsgase außerhalb der Reduktionskammer gewonnen werden. Die Abtrennung des Restkokses von den reduzierten Pellets muß weitgehend erfolgen,
falls das Produktgas höchstens Spuren an Kohlenmonoxid enthalten soll; und für die Oxidation eines Metalles durch Wasserdampf ist der Drehrohrofen nicht geeignet.

Die Schachtofenverfahren stellen, vom Anteil an der Produktion her gesehen, die wichtigste Verfahrensgruppe dar. Durch
die Gegenstromführung erfordern sie den geringsten spezifischen Aufwand an Energie. Zwar wird das Reduktionsgas derzeit aus Erdgas hergestellt, doch bringt die Verwendung von Gas

aus Kohle keine neuen technischen Probleme. Der Schachtofen ist nicht nur für die Reduktions- sondern auch voraussichtlich für die Oxidationsreaktion im Metall-Dampf-Prozeß geeignet.

Anhand der Ergebnisse aus den Direktreduktionsverfahren ist für den Metall-Dampf-Prozeß zu folgern, daß den beiden folgenden Verfahren die größten technischen und wirtschaftlichen Chancen einzuräumen sind:

      1. Reduktion und Oxidation im Schachtofen
      2. Reduktion im Drehrohr, Oxidation im Schachtofen

Auf diese beiden Verfahren konzentrieren sich daher die folgenden Überlegungen.

3 Überlegungen zur Verbesserung des Metall-Dampf-Prozesses

3.1 Die stationäre Arbeitsweise

Optimale Ausbeute und eine einfache Prozeßsteuerung lassen sich nur in einem kontinuierlichen Verfahren erzielen. Dazu müssen Reduktion und Oxidation jeweils in getrennten Reaktionsräumen durchgeführt werden, so daß eine Vermischung der Gase verhindert wird. Da das Metall dem Wasserdampf Sauerstoff entzieht und diesen an das Reduktionsgas wieder abgibt, also als Sauerstoffträger dient, muß es stetig zwischen dem Reduktions- und dem Oxidationsbereich zirkulieren.

Aus dieser Überlegung ergibt sich das in Bild 3 dargestellte prinzipielle Fließschema für einen stationären Metall-Dampf-Prozeß. Der Aggregatzustand des Metalles ist dabei zunächst nicht vorgegeben, für die Trennung der einzelnen Komponenten sind jedoch verschiedene Phasen vorteilhaft.

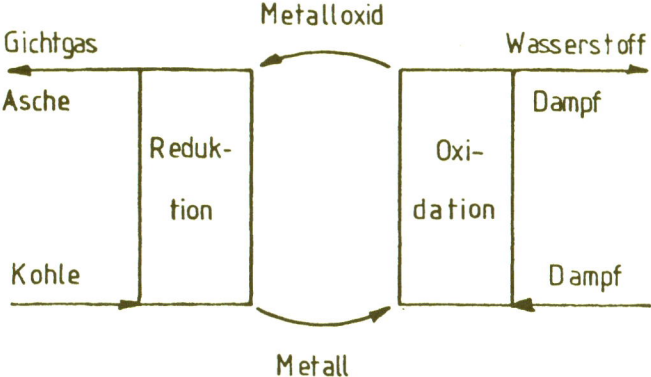

Bild 3: Prinzipielles Fließschema für stationär arbeitende Metall-Dampf-Prozesse

3.2 Auswahl eines geeigneten Kreislaufmaterials

3.2.1 Form

Da die spezifischen Umsatzraten bei Gas-Feststoffreaktionen mit der spezifischen Reaktionsfläche des Feststoffes steigen, soll letztere möglichst groß sein. Zugleich muß das Material sowohl für den Einsatz in Schachtöfen als auch in Drehrohren so grobkörnig sein, daß es gut durchgast werden kann, und so fest sein, daß Abrieb und Zerfall bei einem Umlauf wirtschaftlich tragbar sind. Bei der Direktreduktion werden folgende Formen eingesetzt:
- Stückerz
- Feinerz
- Pellets
- Sinter
- Briketts

Von diesen besitzen Feinerze und starke poröse Pellets die größte spezifische Oberfläche. Da Feinerze im Schachtofen nicht durchgast werden können, sind Pellets als die geeignete Form des Kreislaufmaterials anzusehen.

3.2.2 Zusammensetzung

Für den Metall-Dampf-Prozeß ist bisher stets Eisen verwendet worden. Ein besser geeignetes Material muß

1. im Drehrohr- oder Schachtofen verwendbar sein;
2. in ausreichenden Mengen und zu einem angemessenen Preis zur Verfügung stehen;
3. umweltfreundlich sein;
4. bei der Reduktion von Wasserdampf größere Umsatzraten oder einen höheren Anteil Wasserstoff im Produktgas gewährleisten und
5. gut reduzierbar sein.

Der Patentliteratur sind drei Vorschläge auf der Basis folgender Reaktionen zu entnehmen:

$$4P_{(g)} + 10H_2O_{(g)} = 2P_2O_{5(g)} + 10H_{2(g)} \qquad [8]$$

$$Sn_{(l)} + 2H_2O_{(g)} = SnO_{2(s)} + 2H_{2(g)} \qquad [9]$$

$$4WO_{2(s)} + 3H_2O_{(g)} = W_4O_{11(s)} + 3H_{2(g)} \qquad [10]$$

Dabei kennzeichnet der Index s den festen, l den flüssigen und g den gasförmigen Zustand.

Der Phosphor verdampft bei etwa 280 °C, das Phosphorpentoxid bei etwa 300 °C. Prinzipiell sollte es daher möglich sein, durch geeignete Temperaturführung die einzelnen Komponenten zu trennen. Da Phosphor jedoch sowohl mit Wasserstoff als auch mit Sauerstoff zahlreiche weitere Verbindungen eingeht, ist mit der oben genannten Reaktion alleine noch keine Grundlage für ein technisches Verfahren angegeben. Die Verbindungen sind teils giftig.

Phosphor hat bei Temperaturen unter 800 °C eine höhere Affinität zum Sauerstoff als Eisen. Das Phosphorpentoxid läßt sich daher bei Temperaturen unter 800 °C nur schlecht reduzieren.

Insgesamt ist der Vorschlag so wenig ausgearbeitet, und bedarf es so vieler unerprobter Teilschritte, daß sich dieser Prozeß zur Zeit noch nicht einmal vom technischen Standpunkt her beurteilen läßt.

Auch der Vorschlag, Zinn als Sauerstoffträger zu verwenden, ist noch weit von einer technischen Realisierung. Die Teilschritte werden nicht einmal im einzelnen beschrieben. Bezüglich seiner Affinität zum Sauerstoff erscheint Zinn durchaus für einen solchen Prozeß geeignet. Sein Schmelzpunkt liegt bei 232 °C, der Siedepunkt bei 2337 °C.

Doch ist das Zinndioxid keineswegs immer flüssig. Sein Schmelzpunkt liegt bei 1127 °C. Es muß daher im festen Zustand transportiert werden. Weil Zinnoxid schon bei 1080 °C verdampft, müssen die Temperaturen erheblich niedriger gehalten werden. Da das Zinndioxid bei der Oxidation staubförmig anfällt, werden besondere Maßnahmen notwendig sein, den Staubaustrag in Grenzen zu halten. Soweit sich der stark giftige Zinnwasserstoff bildet, wird er als Gas mit einem Schmelzpunkt von 221 K nur mit aufwendigen Methoden entfernt werden können.

Verglichen mit dem Eisen-Dampf-Prozeß sind daher auch hier insgesamt keine Vorteile zu erkennen.

Bei dem System $WO_2 - W_4O_{11}$ bleiben die Wolframoxide im festen Zustand, so daß ein Einsatz im Schacht- und Drehrohrofen möglich ist. Sie ergeben im Gleichgewicht mit H_2/H_2O- und CO/CO_2-Gemischen Gaszusammensetzungen von etwa gleicher Art wie Fe und FeO, jedoch liegen keinerlei Daten über Umsatzraten vor. Da die Wolframoxide im Vergleich zum Eisen weniger Sauerstoff pro Gewichteinheit transportieren können und erheblich teurer sind, könnten sie nur dann einen Vorteil bieten, wenn in weiteren Untersuchungen erheblich höhere Oxidations- oder Reduktionsraten als bei Eisen gefunden würden.

Für die übrigen gebräuchlichen Metalle sind die Gleichgewichte mit H_2/H_2O- und CO/CO_2-Gasgemischen im Richardson-Diagramm (Bild 4) dargestellt. Für eine wirtschaftliche Produktion von Wasserstoff muß im Produktgas mindestens ein H_2/H_2O-Verhältnis von 1 : 10 erreicht werden.

Andererseits soll die Reduktion mit Hilfe von Kohle oder einem Gas daraus erfolgen, so daß das erforderliche CO/CO_2-Verhältnis 10 : 1 nicht übersteigen darf, damit eine Mindestausnutzung des Reduktionsgases gewährleistet ist.

Dann kommen außer den bereits genannten Systemen nur $K-K_2O$ und $SnO-SnO_2$ in Betracht, wovon jedoch Kalium und Zinnmonoxid in diesem Temperaturbereich flüchtig sind. Weitere Alternativen zum Eisen ergeben sich daher nicht.

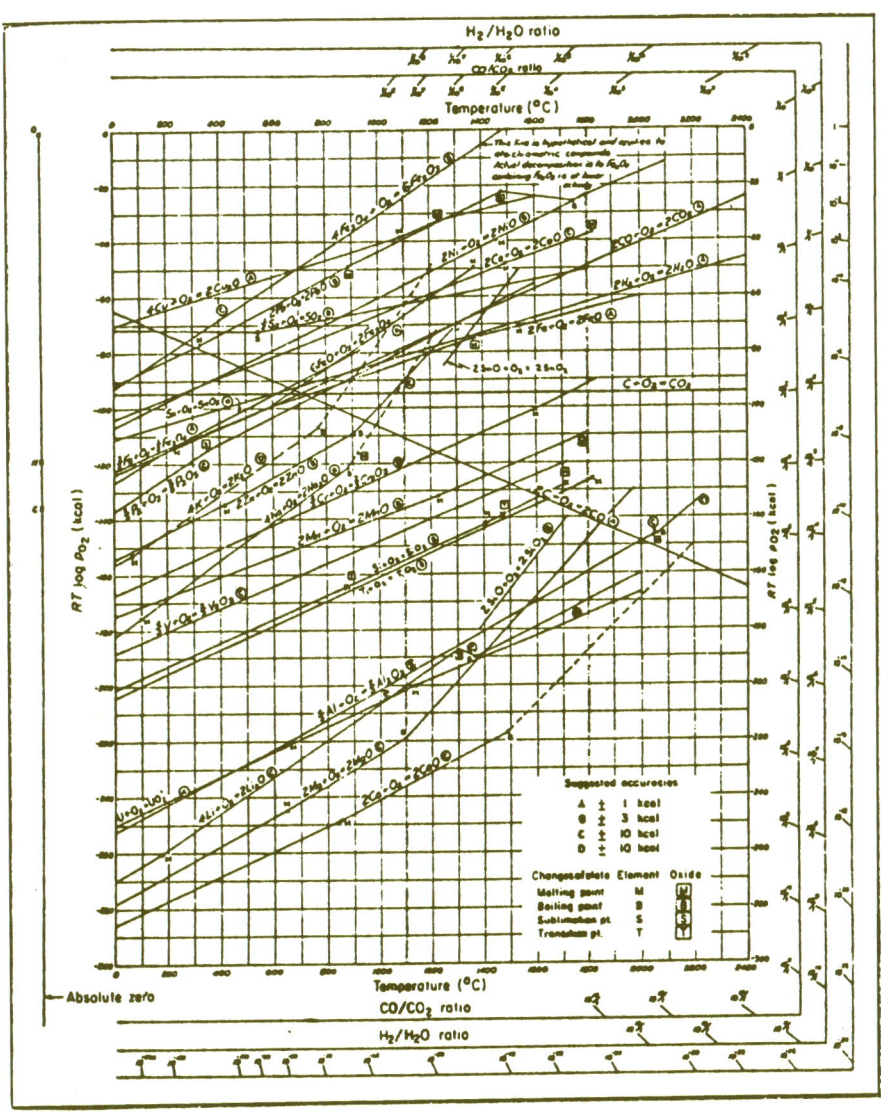

Bild 4: Das Richardson-Diagramm für Sauerstoff [11]

3.3 Schachtprozesse

3.3.1 Der Oxidationsschacht

Der Oxidationsschacht soll als Gegenstromreaktor kontinuierlich betrieben werden. Reduzierte Eisenerzpellets werden von oben zugeführt, sollen unter Erhaltung ihrer Schichtung gleichmäßig absinken und werden am unteren Ende abgezogen. Ein Wasserdampf-Wasserstoff-Gemisch strömt aufwärts. Zwischen Dampf und Eisen findet dabei eine Redoxreaktion statt.

Im folgenden soll untersucht werden, wie weit diese im Schacht abläuft, welche Temperaturen sich einstellen, wie groß jeweils der Abstand der Wasserstoffkonzentration vom Gleichgewicht ist, und welche Betriebsbedingungen geeignet sind.

Eine genaue Berechnung des Reaktionsverlaufes im Gegenstromreaktor ist noch nicht möglich, da die Abhängigkeit der Oxidationsrate der Pellets von Temperatur, Gas- und Feststoffzusammensetzung nicht ausreichend bekannt ist. Daher wird eine Abschätzung anhand eines vereinfachten Modells vorgenommen. Mathematisch handelt es sich um ein Randwertproblem. An der Gicht sind Temperatur und Zusammensetzung der Beschickung vorgegeben, am unteren Rand Dampfmenge und -temperatur. Darüberhinaus wird der Zersetzungsgrad des Wasserdampfes an der Gicht vorgegeben. Diese Vorgabe ist dadurch möglich, daß die Höhe des Schachtes und damit die Verweilzeiten in den einzelnen Zonen offen sind und passend gewählt werden.

Für die Ausrechnung erweist es sich als zweckmäßig, oben oder unten am Reaktor neben den bekannten Randbedingungen für die eine Komponente versuchsweise auch Randbedingungen für die zweite Komponente vorzugeben und diese so lange zu variieren, bis die an der gegenüberliegenden Seite vorgegebenen Randbedingungen auch getroffen werden.

Eine erste Überprüfung, ob der Gesamtprozeß überhaupt ablaufen kann, ergibt sich aus der Bilanzierung der Eingangs- und Ausgangsgrößen unter Berücksichtigung der Wärmeverluste.

Die Wärmeverluste durch die Schachtwand je Masse Eisen werden näherungsweise denen eines Hochofen gleichgesetzt, woraus sich ein Verlust von 4,7 kJ/mol Fe [12] ergibt.

Nachdem festgestellt ist, daß die Reaktion insgesamt möglich ist, wird überprüft, ob auch alle Zwischenschritte ablaufen. Hierzu wird der Schacht in Schichten aufgeteilt, in denen die Beschickung jeweils einen bestimmten mittleren Reduktionsgrad aufweist. Sie sind starr miteinander gekoppelt, so daß die Ausgangswerte der einen Zone zugleich die Eingangswerte der nächsten darstellen.

Die Höhe der einzelnen Zonen wird nicht festgelegt; sie kann anhand kinetischer Daten, die noch nicht ausreichend vorliegen, ermittelt werden.

Vereinfachend wird angenommen, daß, abgesehen von der Aufheizzone, die Temperaturdifferenzen zwischen Gas und Beschickung vernachlässigbar klein sind. Vom vertikalen Wärmetransport wird angenommen, daß er rein konvektiv erfolgt; Leitung und Strahlung werden also vernachlässigt.

Ausgehend von der Gicht werden die Stoff- und Wärmebilanzen für jede Zone aufgestellt, wobei für die Wärmekapazität von Gas und Beschickung die Mittelwerte der jeweiligen Zone angesetzt werden. Daraus ergeben sich die Temperatur und die Gaszusammensetzung am Ende einer Zone. Die Differenz zwischen dem errechneten Wasserstoffgehalt und dem Gleichgewichtswert, der von der Temperatur und dem Reduktionsgrad der Beschickung abhängt, gibt an, ob für die Reaktion eine treibende Kraft besteht.

An die Reaktionszonen schließt sich eine Aufheizzone an, in der die Beschickung einen Teil ihrer Wärme an den Dampf abgibt. Da in dieser Zone keine Wärme produziert wird, sind

die inneren und äußeren Temperaturen von Gas und Feststoff
dort wie folgt verknüpft:

$$T_{aF} \cdot \rho_F \cdot c_F \cdot v_{zF} + T_{aG} \cdot \rho_G \cdot c_G \cdot v_{zG} = T_i (\rho_F \cdot c_F \cdot v_{zF} + \rho_G \cdot c_G \cdot v_{zG}$$

Dabei bezeichnen

T_{aF}, T_{aG} die äußere Temperatur
ρ_F, ρ_G die Dichte
c_F, c_G die spezifische Wärmekapazität und
v_{zF}, v_{zG} die Geschwindigkeit senkrecht zum Ofenquerschnitt,
 jeweils für Feststoff F und Gas G, und
T_i die Innentemperatur.

Daraus berechnet sich die Austrittstemperatur der Pellets
zu

$$T_{aF} = \frac{T_i \cdot c_F - (T_i - T_{aG}) \cdot c_G \cdot X}{c_F} \quad .$$

Dabei ist

$$X = \frac{\rho_G \cdot |v_{zG}|}{\rho_F \cdot |v_{zF}|}$$

die spezifische Gasmenge. Die errechnete Temperatur muß mit
der Temperatur, die sich aus der Bilanz des gesamten Prozesses ergibt, übereinstimmen. Wenn die Wasserstoffkonzentration
im Verlauf der Reaktion unterhalb der Gleichgewichtszusammensetzung bleibt, die Temperatur 500 °C nicht unterschreitet,
wodurch die Reaktionsgeschwindigkeit zu gering würde, und
950 °C nicht überschreitet, so daß die Erweichung der Pellets vermieden wird, ist nachgewiesen, daß die Oxidation der
Pellets wie vorgesehen ablaufen wird.

Zur Verdeutlichung sei das folgende Rechenbeispiel dargestellt:
Die Pellets treten mit 80 mol-% FeO, 20 % Fe und 500 °C in
den Schacht ein und sollen bis zum Fe_3O_4 oxidiert werden.
Die Tatsache, daß FeO unterhalb 570 °C thermodynamisch nicht
beständig ist, wird unberücksichtigt gelassen. Es wird angenommen, daß die Pellets zwischen Reduktion und Oxidation

schnell abgekühlt und im Oxidationsanteil rasch wieder aufgeheizt werden, so daß kein Wechsel der Kristallstruktur stattfindet.

Das Produktgas enthalte 70 % Wasserstoff. Damit ergibt sich die spezifisch gewonnene Wasserstoffmenge aus:

$$0,2 \text{ Fe} + 0,2 \text{ H}_2\text{O} = 0,2 \text{ FeO} + 0,2 \text{ H}_2$$
$$1 \text{ FeO} + 0,33 \text{ H}_2\text{O} = 0,33 \text{ Fe}_3\text{O}_4 + \underline{0,33 \text{ H}_2}$$

$$\text{zu} \quad 0,53 \frac{\text{mol H}_2}{\text{mol Fe}}$$

Die spezifische Gasmenge beträgt dann

$$\chi_{Gas} = 0,761 \frac{\text{mol}}{\text{mol Fe}} = 0,31 \frac{m_N^3}{\text{kg Fe}} \; .$$

Die Beschickung verläßt die erste Zone mit 10 % Fe, 90 % FeO, d. h. sie hat 0,1 mol O/mol Fe aufgenommen. Daraus ergibt sich, daß das Gas mit 57 % H_2, 43 % H_2O in diese Zone eintreten muß.

Für die Wärmekapazitäten werden jeweils die aus den mittleren Zusammensetzungen berechneten Werte zugrunde gelegt. Die Temperaturänderungen zwischen oberer und unterer Grenze der einzelnen Schichten ergeben sich aus der Wärmebilanz:

Abgegebene spezifische Wärme des Gases	$\bar{c}_{p\,Gas} \cdot \chi_{Gas} \; (T_U - T_O)$
+ spezifische Reaktionswärme	ΔH
− spezifische Wärmeverluste	$-\Delta Q_V$
= aufgenommene spezifische Wärme der Beschickung	
$\bar{c}_{p\,Fest} \; (T_U - T_O)$.	

Hieraus läßt sich die gemeinsame Temperatur von Gas und Feststoff an der unteren Grenze der Schicht berechnen.

In gleicher Art werden die Bedingungen der weiteren Schichtgrenzen sukzessive ermittelt. Die zugehörigen Gleichgewichtswerte werden aus dem Gleichgewichtsschaubild Fe-O-H, Bild 1, abgelesen. Die Differenz zum berechneten Wert ist ein Maß für die treibende Kraft der Reaktion.

Die Ergebnisse der Rechnungen sind in Tafel 1 aufgeführt und in den Bildern 5, 6 und 7 graphisch dargestellt.

Wie Bild 5 zeigt, ergibt sich, abgesehen von der Aufheizzone, im Schacht von oben nach unten ein Anstieg der Temperatur, der durch die Reaktionswärme verursacht wird. Nach Beendigung der Oxidation fällt die Temperatur steil ab, weil die fühlbare Wärme an den Wasserdampf abgegeben wird.

Der Abstand der Wasserstoffkonzentration vom Gleichgewichtswert steigt mit der Schachttiefe zunächst an, da das entgegenströmende Gas weniger Wasserstoff enthält und der Gleichgewichtswert sich kaum verändert. Ist das metallische Eisen verbraucht, so wird FeO zu Fe_3O_4 oxidiert und der Gleichgewichtswert fällt sprunghaft, falls die Temperatur über 570 $^\circ$C liegt. Außerdem verringert der Temperaturanstieg den Gleichgewichtswert der Wasserstoffkonzentration. Erst gegen Ende der Oxidation, wenn das Gas überwiegend aus Wasserdampf besteht, steigt die Konzentrationsdifferenz wieder an, weil die Abnahme des Wasserstoffgehaltes stärker ist als die Abnahme des Gleichgewichtswertes mit der Temperatur.

Die im Bild 5 auftretende Temperaturspitze kommt nur durch die Modellannahmen zustande. In Wirklichkeit ist der Temperaturverlauf stetig differenzierbar mit einem stark ausgeprägten Maximum.

Wird der Reduktionsgrad der Beschickung verringert, so ist das Sauerstoffaufnahmevermögen der Beschickung zwar geringer, d. h. es kann weniger Wasserstoff pro Feststoffmenge erzeugt werden, jedoch wird auch weniger Wärme produziert, so daß die Temperatur nicht so stark ansteigt. Dadurch liegt der Gleich-

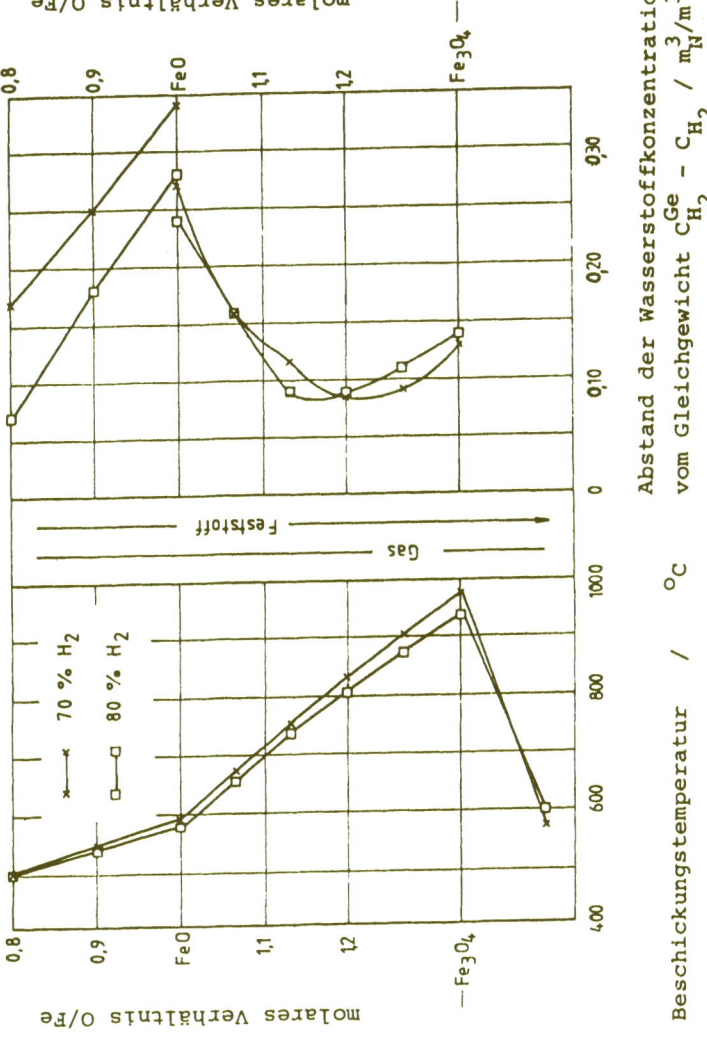

Bild 5: Temperatur und Abstand der Wasserstoffkonzentration vom Gleichgewicht in Abhängigkeit vom Oxidationsgrad der Beschickung als Ergebnis der Modellrechnung für den Oxidationsteil; die Pellets bestehen aus Fe und FeO mit den angegebenen Fe-Gehalten; die Eintrittstemperatur der Pellets beträgt jeweils 500 °C, der Druck 1 bar, die Dampfeintrittstemperatur 100 °C, die Dampfmenge je Masse Eisen wird so festgelegt, daß jeweils 70 % Wasserstoff im Produktgas enthalten sind; das Eisen wird bis zum Magnetit oxidiert

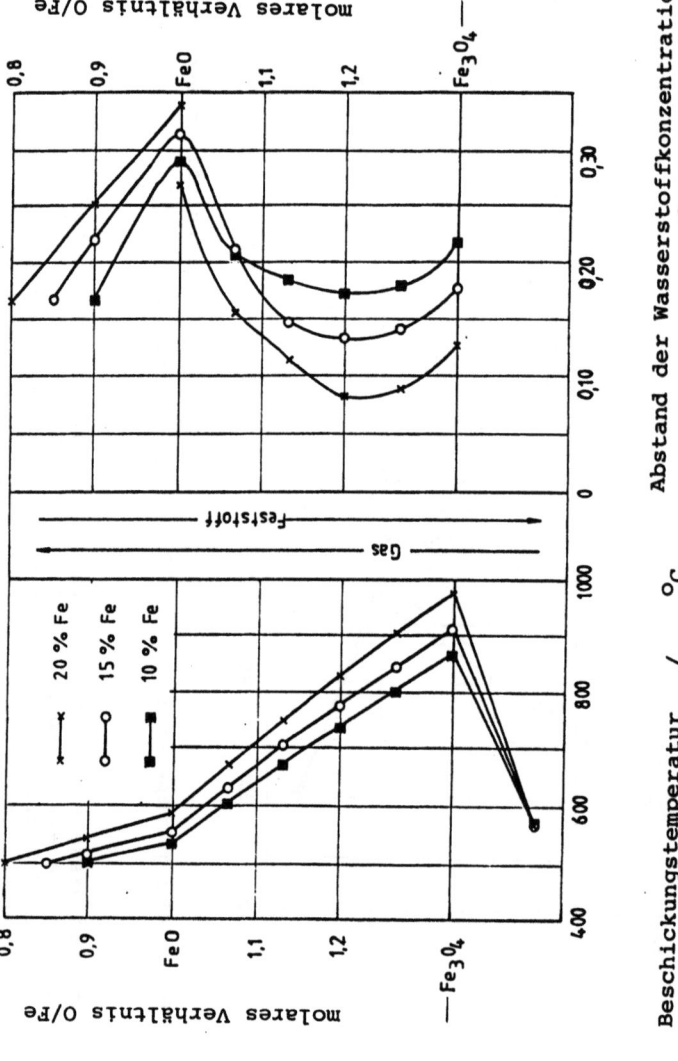

Bild 6: Temperatur und Abstand der Wasserstoffkonzentration vom Gleichgewicht in Abhängigkeit vom Oxidationsgrad der Beschickung als Ergebnis der Modellrechnung für den Oxidationsteil; der Fe-Gehalt beim Eintritt beträgt jeweils 20 %, die spezifische Gasmenge wird so gewählt, daß sich die angegebenen Wasserstoffgehalte am Austritt einstellen; im übrigen wie Bild 5

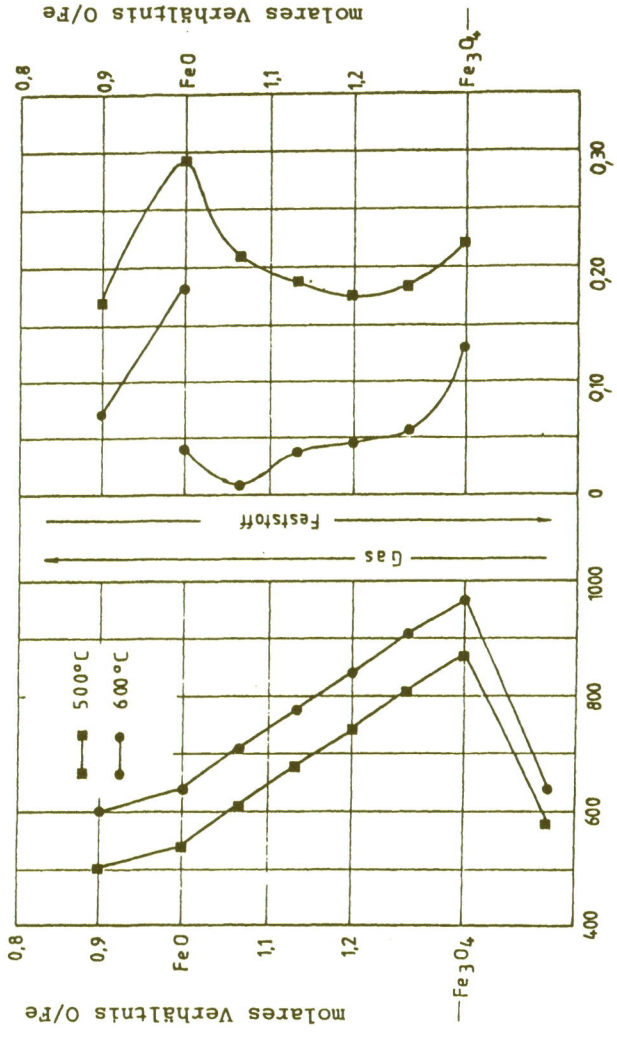

Bild 7: Temperatur und Abstand der Wasserstoffkonzentration vom Gleichgewicht in Abhängigkeit vom Oxidationsgrad der Beschickung als Ergebnis der Modellrechnung für den Oxidationsteil; wie Bild 5, jedoch mit dem Unterschied, daß die Pelleteintrittstemperatur auch noch zu 600 °C gewählt wurde

gewichtswert für den Wasserstoffgehalt höher, so daß die Konzentrationsdifferenz größer ist.

In Bild 6 ist der Einfluß einer verringerten Gasmenge bei sonst gleichen Bedingungen dargestellt. Der Wasserstoffgehalt des Produktgases steigt an, und die zu erzeugende Dampfmenge sinkt, während die Wasserstoffproduktion gleich bleibt, was eine Erhöhung des Wirkungsgrades zur Folge hat. Durch diese Maßnahme wird außerdem die Temperatur erniedrigt. Die Konzentrationsdifferenz wird im Bereich der Oxidation des metallischen Eisens geringer, da der Wasserstoffgehalt erhöht wird, während der Gleichgewichtswert annähernd konstant bleibt. Im weiteren Verlauf gleicht die niedrigere Temperatur den Einfluß des erhöhten H_2-Gehaltes aus.

Wird die Eintrittstemperatur der Beschickung erhöht, so wird die Konzentrationsdifferenz, wie Bild 7 zeigt, durch die Abnahme der Gleichgewichtswerte bei konstanten Wasserstoffgehalten stark verringert. Nur bei niedrigen Eintrittstemperaturen sind also hohe Umsatzraten zu erwarten.

Insgesamt zeigen die Rechnungen, daß die Oxidationsreaktion im Schacht durchführbar ist und umreißt die für den Betrieb günstigen Bedingungen.

3.3.2 Der Reduktionsschacht

Mit dem gleichen Modell, wie es für die Oxidation verwendet wurde, soll abgeschätzt werden, welche Gasmenge für die Reduktion nötig ist und welchen Anforderungen das Reduktionsgas genügen muß.

Auch für die Wärmeverluste pro Eisenmasse werden dieselben Annahmen getroffen. Da die Modellrechnung für den Oxidationsschacht gezeigt hat, daß eine Reduktion nur bis zu einer Zusammensetzung von 15 % Fe, 85 % FeO erforderlich ist, können geringere Anforderungen an den Oxidationsgrad des Reduktionsgases gestellt werden als bei den Direktreduktionsverfahren.

Zunächst wird auch hier anhand der Bilanzgleichungen überprüft, ob der gewünschte Prozeß unter vorgegebenen Randbedingungen ablaufen kann. Dabei wird vereinfachend angenommen, daß CO und H_2 gleich schnell reduzieren. Unter ähnlichen Bedingungen wie bei den Direktreduktionsverfahren müssen sich hier natürlich konsistente Bedingungen angeben lassen. Da bei höheren Temperaturen eine weitergehende Ausnutzung der Reduktionsgase möglich ist, die Reduktion des Magnetits zum Wüstit jedoch endotherm ist, ist es angezeigt, entweder den Feststoff mit hoher Temperatur einzusetzen oder ihn, solange er noch nicht reduziert ist, durch eine Teilverbrennung der Reduktionsabgase zu erhitzen.

Wo hier das wirtschaftliche Optimum liegt, hängt insbesondere von den Einsatzkosten der Energie und kinetischen Daten ab.

Ohne den Anspruch zu erheben, damit das Optimum getroffen zu haben, soll im folgenden einer der berechneten Reduktionsprozesse beispielhaft vorgestellt werden.

- Zusammensetzung des Reduktionsgases
  22,5 mol-% CO
  2,5 mol-% CO_2
  22,5 mol-% H_2
  2,5 mol-% H_2O
  50,0 mol-% N_2

- Eintrittstemperatur des Gases und zugleich Austrittstemperatur der Beschickung 850 °C

- spezifische Gasmenge X = 1,4 mol/mol Fe = 570 m_N^3/t Fe

- Reduktion des Fe_3O_4 zu 15 mol-% Fe, 85 mol-% FeO

- Eintrittstemperatur der Beschickung 500 °C

- Zufuhr von 0,008 mol O_2 je Mol Eisen in die Reaktionszone zur Verbrennung von 0,016 mol CO oder H_2.

Diese Gasmenge ist, verglichen mit den 1,4 mol CO oder H_2, die pro mol Eisen eingesetzt werden, vernachlässigbar gering und wirkt sich daher auf die Reduktionskraft des Gases viel weniger als die durch ihre Verbrennung erzielte Temperaturerhöhung aus. In der Aufheizzone wird Luft zur Verbrennung der Restanteile CO und H_2 eingeblasen, damit das Aufheizen des Feststoffes ermöglicht wird.

Als Ergebnis einer sukzessiven Berechnung der einzelnen Schichten ergeben sich auch hier jeweils Temperatur und Abstand der Gaszusammensetzung vom Gleichgewicht. Beide Größen sind in Tabelle 2 zusammengefaßt und in Bild 8 dargestellt.

Die Beschickung wird mit 500 °C eingetragen und in der Aufheizzone VII durch die teilweise Verbrennung des Gichtgases mit Luft auf rd. 1000 °C aufgeheizt, damit sie einen Teil der Wärme für die nachfolgende endotherme Reduktion vom Fe_3O_4 zum FeO in den Zonen III - VI mitbringt. Zusätzlich wird auch dort eine geringe Menge Luft zugesetzt, um die Abkühlung der Beschickung in Grenzen zu halten.

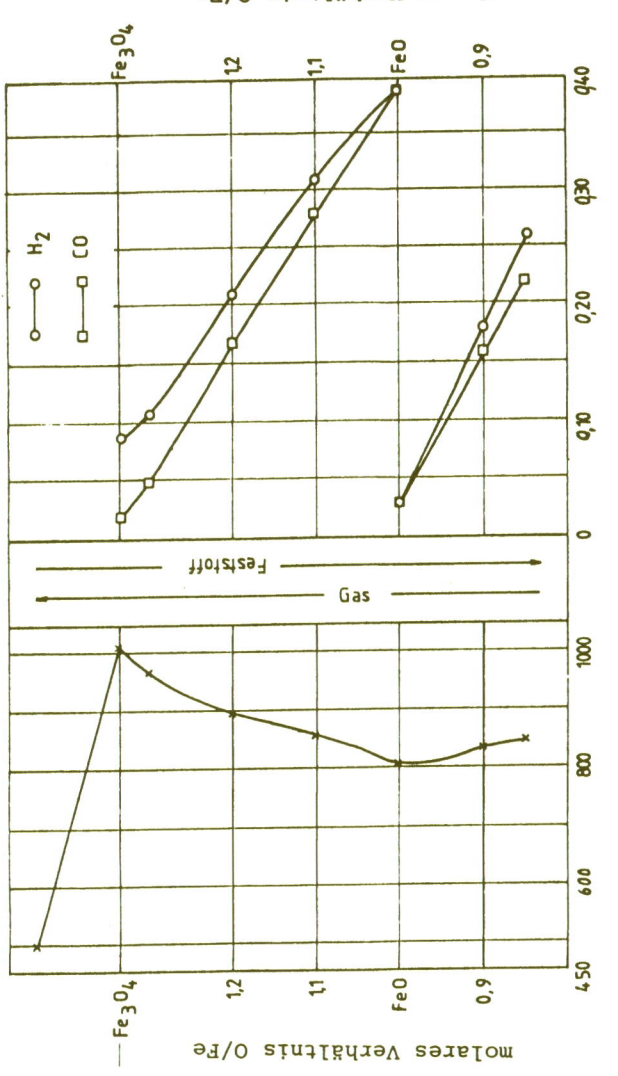

Bild 8: Temperatur und Abstand der Wasserstoffkonzentration vom Gleichgewicht in Abhängigkeit vom Reduktionsgrad der Beschickung als Ergebnis der Modellrechnung für den Reduktionsteil; das Reduktionsgas besteht aus 22,5 % H_2, 2,5 % H_2O, 22,5 % CO, 2,5 % CO_2, 50 % N_2; Eintrittstemperatur des Gases 850 °C, Austrittstemperatur der Pellets 850 °C, spezifische Gasmenge 570 m_N^3/t Fe; Reduktion zu 15 % Fe, 85 % FeO, Eintrittstemperatur der Pellets 500 °C

Die Reduktion von FeO zum Fe in den Zonen I und II verläuft exotherm, so daß die Beschickung wieder leicht aufgeheizt wird.

Die Triebkraft für die Reduktion ist stets positiv. Eine Engstelle liegt, wie bei Reduktionsprozessen üblich, an der Stelle, wo das teilverbrauchte Gas den ersten Wüstit reduzieren soll, eine zweite liegt an der Gicht und belegt damit, daß hier dank der geringeren Anforderungen an den Metallisierungsgrad eine hervorragende Ausnutzung des Gases möglich ist. Es ist hier auch möglich, Reduktionsgase mit Oxidationsgraden von 20 % und mehr zu verwenden, jedoch ist dann eine höhere Gasmenge erforderlich. Bei kleinerem Stickstoffanteil werden niedrigere Temperaturunterschiede im Schacht erzielt.

Die Herstellung von Reduktionsgasen in den angegebenen Qualitäten ist durch die Vergasung von Kohle mit Luft mit den gebräuchlichen Verfahren möglich.

3.3.3 Flußdiagramm, Massen- und Energiebilanz

Auf der Grundlage der vorstehenden Untersuchungen wird folgende, in Bild 9 dargestellte, Verfahrensweise vorgeschlagen:

Reduktions- und Oxidationsschacht werden übereinander angeordnet, um Eintrags- und Austragsaggregaten einzusparen und den Transport zu vereinfachen. Der Reduktionsteil liegt über dem Oxidationsteil, so daß die heiße, reduzierte Beschickung unmittelbar in den Oxidationsschacht absinkt und unterwegs nicht reoxidieren kann. Bei heißem Magnetit gibt es keine Oxidationsprobleme. Selbst wenn eine Oxidation stattfinden würde, so ließe diese sich selbst mit Abgasen aus der Reduktion wieder rückgängig machen.

Als Kreislaufmaterial werden Eisenoxidpellets verwendet. Diese werden als Fe_3O_4 mit 500 ^{o}C an der Gicht eingetragen und im Gegenstrom zu 15 mol-% Fe, 85 mol-% FeO reduziert. Sie verlassen den Reduktionsteil mit 850 ^{o}C.

Das Reduktionsgas wird mit 850 ^{o}C eingeblasen, das Gichtgas verläßt den Schacht mit 500 ^{o}C. Die Gasmenge beträgt 570 m_N^3/t Fe. Die jeweilige Zusammensetzung ist Tabelle 2 zu entnehmen.

Im oberen Teil des Schachtes, in der Zone der endothermen Reduktion des Fe_3O_4 zum FeO, wird ein geringer Teil des Reduktionsgases durch Einblasen von Luft verbrannt, um den Wärmebedarf zu decken.

Zwischen Reduktions- und Oxidationsteil werden 640 m_N^3/t Fe Produktgas mit einer Temperatur von 110 ^{o}C eingeblasen, um die Beschickung abzukühlen, was für die Oxidation der Pellets durch Wasserdampf vorteilhaft ist. Das Kühlgas verläßt den Schacht mit dem Produktgas.

Die Pellets gelangen mit 500 ^{o}C in den Oxidationsteil, wo sie durch den entgegenströmenden Wasserdampf oxidiert wer-

- 30 -

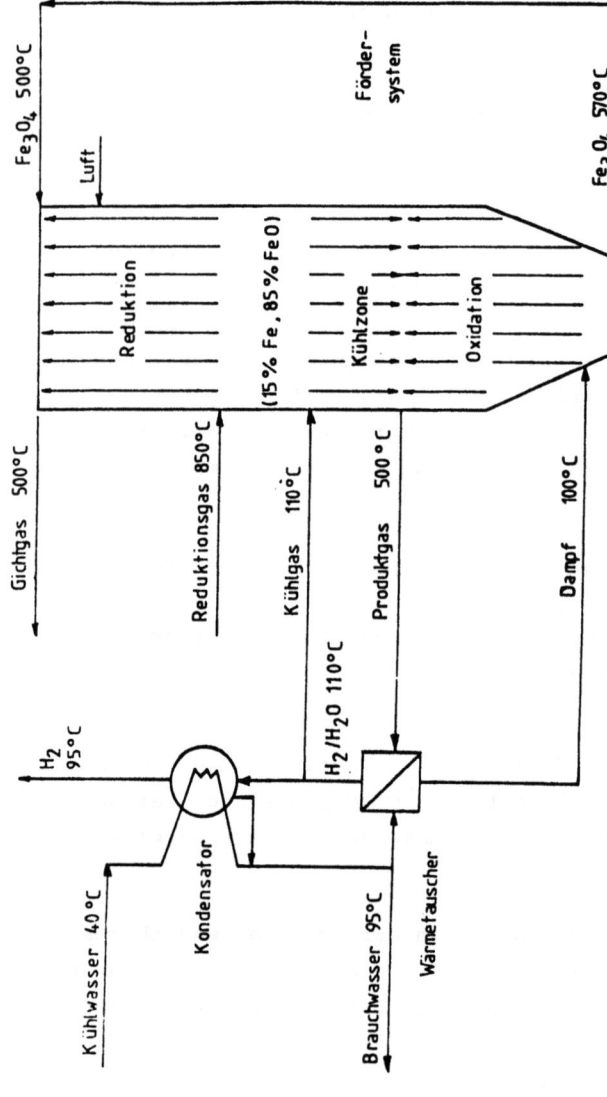

Bild 9: Flußdiagramm des vorgeschlagenen Eisen-Dampf-Prozesses im Schachtofen

den. Sie heizen sich durch die Reaktionswärme auf. Das Produktgas, 280 m_N^3/t Fe, enthält 70 % Wasserstoff und 30 % Dampf, es verläßt den Schacht bei 500 °C. Im unteren Teil des Schachtes wird die Beschickung durch den mit 100 °C einströmenden Dampf auf 570 °C abgekühlt, mit dieser Temperatur ausgetragen und wieder zur Gicht transportiert.

Die gewünschten Gasströmungen werden durch geeignete Vordrucke beim Eintritt und durch geeignete Drosselung beim Austritt erzielt. Im Kühlkreislauf herrscht ein geringfügig höherer Druck als im Reduktionsteil. Dadurch strömt ständig ein gewisser Teil des Produktgases durch die Pelletschüttung in den Reduktionsraum, was aber keine nennenswerte Verminderung der Reduktionsgasqualität bedeutet.

Das Produktgas wird in einem Wärmetauscher von 500 auf 110 °C abgekühlt, wobei der gesamte notwendige Prozeßdampf erzeugt wird, und anschließend durch Kühlwasser geleitet. Hier kondensiert der Wasserdampf aus, so daß nur der Wasserstoff übrig bleibt. Dabei erwärmt sich das Kühlwasser von 40 auf 95 °C.

Das Gichtgas kann verbrannt und zum Antrieb des Kühlgebläses und zur Vorwärmung von Luft für die Kohlevergasung verwendet werden.

Der Eintrag erfolgt durch ein Glockensystem oder offen mit einer Absperrung durch verbranntes Gichtgas, wie beim Midrexverfahren. Der Austrag geschieht durch ein Zellenrad. Der Transport des Feststoffes kann durch ein Förderband oder jedes andere, zum Transport von heißen Schüttgütern geeignete System erfolgen.

Der Feinanteil der Beschickung wird nach dem Austrag abgesiebt und zusammen mit dem in der Entstaubung anfallenden Material einer Pelletieranlage zugeführt.

Die Herstellung des Reduktionsgases, an dessen Qualität keine besonderen Ansprüche gestellt werden, kann durch die Vergasung von Kohle mit vorgewärmter Luft und Wasserstoff erfolgen.

Stoff- und Energiebilanz sind in den Bildern 10 und 11 dargestellt. Für die Wirtschaftlichkeit des Verfahrens ist es vorteilhaft, daß der Dampf für den Oxidationsschacht durch Nutzung der fühlbaren Wärme von Kühl- oder Produktgas im Prozeß selbst erzeugt wird. Die Erhitzung eines kalten Reduktionsgases ist durch den Wärmeinhalt des Gichtgases möglich. Wird das Reduktionsgas jedoch in einer Hitze in den Schacht eingeblasen, so kann die Energie des Gichtgases zur Luftvorwärmung bei der Reduktionsgasherstellung oder auch zur Stromerzeugung verwendet werden.

Bewertet man bei der Bilanzierung weder die fühlbare Wärme des Reduktionsgases noch die des Abgases, so ergibt sich ein thermischer Wirkungsgrad von η_{th} = 71,6 % als Quotient der Verbrennungswärmen von produziertem Wasserstoff und eingesetztem Reduktionsgas.

- 33 -

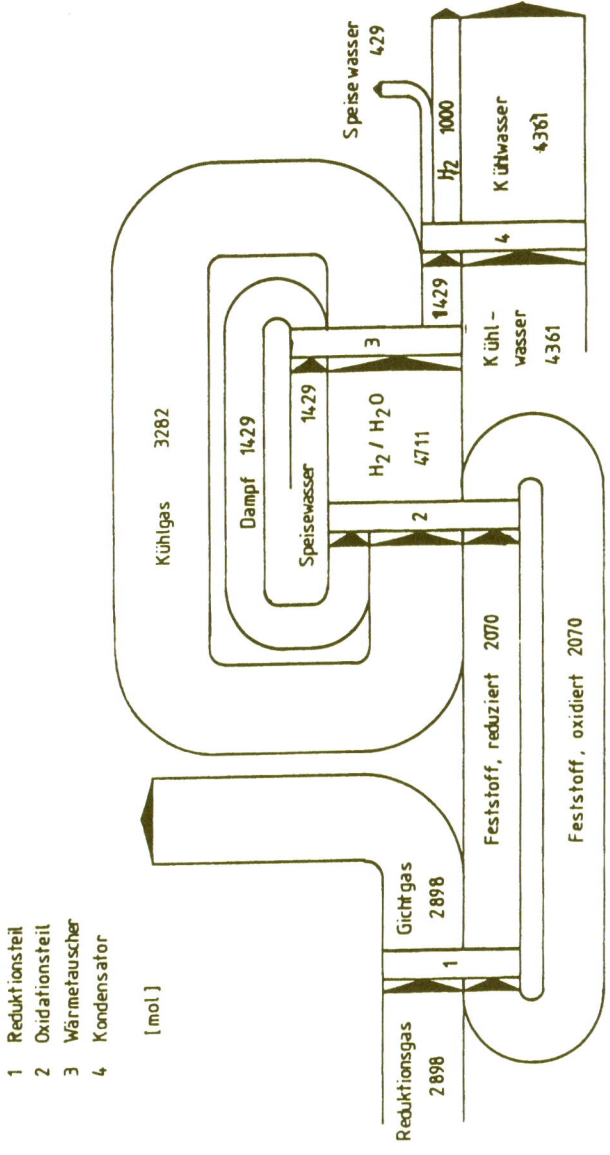

Bild 10: Massenbilanz des vorgeschlagenen Eisen-Dampf-Prozesses im Schacht, gemessen in mol bei einer Produktion von 1000 mol Wasserstoff

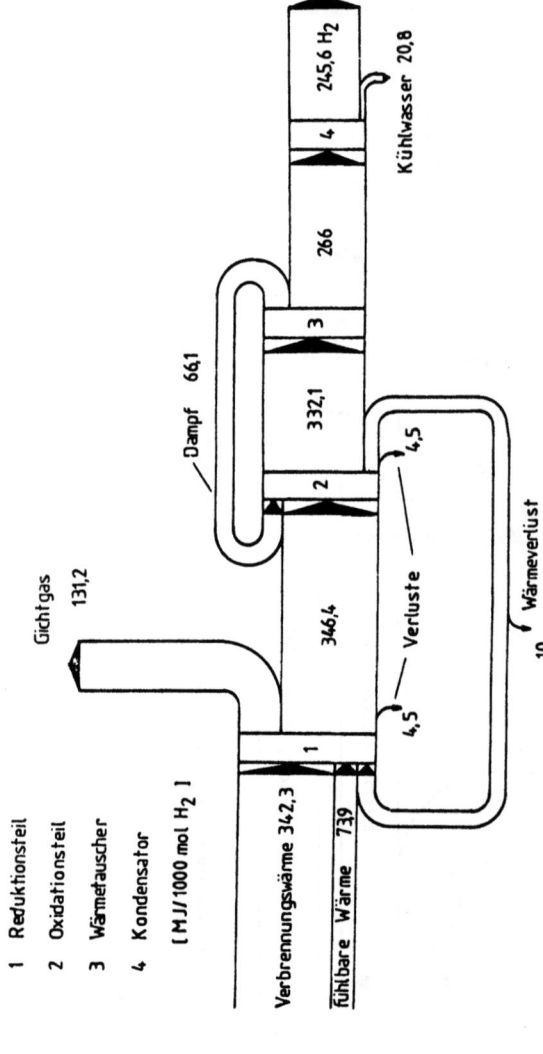

Bild 11: Energiebilanz des vorgeschlagenen Eisen-Dampf-Prozesses im Schachtofen

3.4 Das Drehrohr-Schacht-Verfahren

Für die Reduktion bietet sich als Alternative der Drehrohrofen an. Sein Vorteil ist, daß er mit festen Brennstoffen betrieben wird, wodurch die getrennte Vergasung der Kohle entfällt. Andererseits ist der Wärmeübergang in Drehrohranlagen schlechter als in Schachtöfen und die Investitions- und Wartungskosten je Tonne durchgesetzten Gutes sind höher.

In Bild 12 ist das Verfahren, das in Anlehnung an das zuvor beschriebene Schachtverfahren ausgelegt worden ist, dargestellt:

Das zu Magnetit aufoxidierte Kreislaufmaterial wird 500 °C heiß mit Kohle vermischt, dem Drehrohrofen aufgegeben und im Gegenstrom durch die Brenngase weiter aufgeheizt. Bei Braunkohle setzt die Boudouardreaktion

$$C + CO_2 = 2CO, \quad \Delta H = +172,5 \text{ kJ/mol}$$

im Temperaturbereich um 900 °C, bei Steinkohle um 1100 °C ein. Das entstehende CO reduziert das Kreislaufmetall, wobei Überschüsse über der Feststoffoberfläche verbrennen und die für die Boudouardreaktion nötige Wärme liefern. Die notwendige Verbrennungsluft wird durch mehrere über die Länge des Ofens verteilte Mantelbrenner eingeblasen. Durch Steuerung der Luftmenge kann ein gewünschtes Temperaturprofil eingestellt werden. Die Kohlezugabe und der Durchsatz werden so eingestellt, daß die Zusammensetzung am Austrag 15 % Fe und 85 % FeO beträgt.

Da nur dieser geringe Reduktionsgrad notwendig ist und das Material bereits vorgewärmt eingetragen wird, ist die erforderliche Länge des Drehrohres erheblich kleiner als bei einer entsprechenden Direktreduktionsanlage mit gleichem Durchsatz an Eisenträgern. Falls Schwefel im Brennstoff enthalten ist, kann er durch Zugabe von Kalkstein in das Drehrohr abgebunden werden.

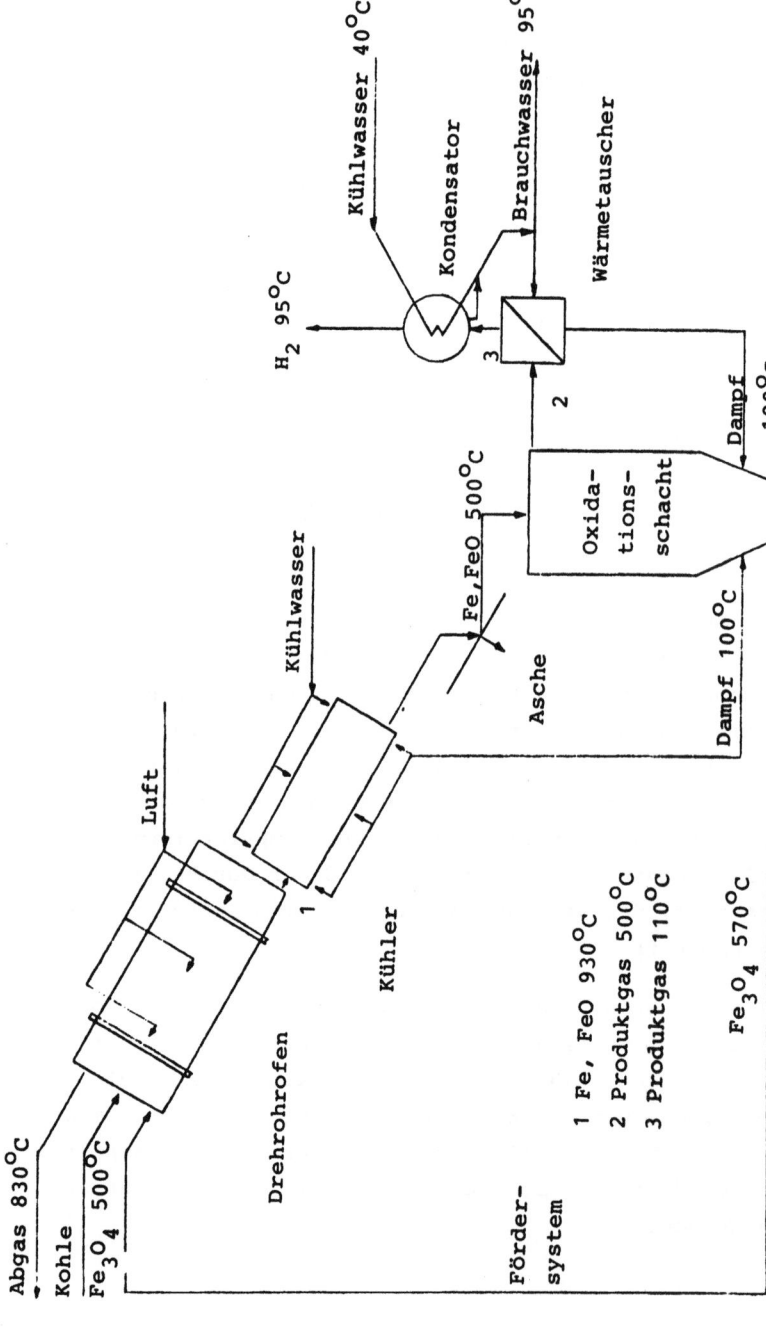

Bild 12: Flußdiagramm des Drehrohr-Schacht-Verfahrens

Kreislaufmaterial und Asche werden mit 930 °C ausgetragen und in eine Kühltrommel überführt. Um eine Rückoxidation zu vermeiden, muß die Beschickung dabei vor Luft geschützt werden. Der Kühler wird von außen mit Wasser gekühlt. Anschließend werden die Pellets bei 500 °C durch Siebung und Magnetscheidung von der Asche getrennt. Die Wasserstofferzeugung durch Oxidation des Metalles erfolgt in einem Schachtofen, wie er in Abschnitt 3.3.1 beschrieben ist.

Die Trennung von Asche und Kreislaufmaterial wird nicht vollständig möglich sein. Deshalb wird mitgetragener Kohlenstoff das Produktgas nach der Reaktion $C + H_2O = CO + H_2$ verunreinigen. Wieweit diese Verunreingiungen den Wert des Produktgases ändern, hängt davon ab, wofür letzteres eingesetzt werden soll.

Massen- und Energiebilanz des Verfahrens sind in den Bildern 13 und 14 dargestellt. Damit die Berechnung nicht nur für eine Kohlensorte gültig ist, wird mit dem Heizwert festen Kohlenstoffes gerechnet. Für die Abschätzung der C_{fix}-Menge wurde angenommen, daß 10 % des eingesetzten Kohlenstoffs für die Ascheaufheizung sowie Strahlungs- und andere Verluste verbraucht werden. Das Abgas soll nur CO_2 und N_2 enthalten. Es ergibt sich ein Kohlesatz von 128 kg C_{fix}/t Fe und ein thermischer Wirkungsgrad von 51 %, wobei weder die Abgaswärme noch im Prozß erzeugter überschüssiger Dampf eingerechnet sind. Der Wirkungsgrad des Drehrohr-Schacht-Verfahrens liegt damit erheblich unter dem des Schacht-Verfahrens bei Einsatz von Reduktionsgas. Doch ist zu berücksichtigen, daß für einen Vergleich mit gleichen Einsatzstoffen der Wirkungsgrad des Schachtverfahrens noch mit dem der Kohlevergasung multipliziert werden muß.

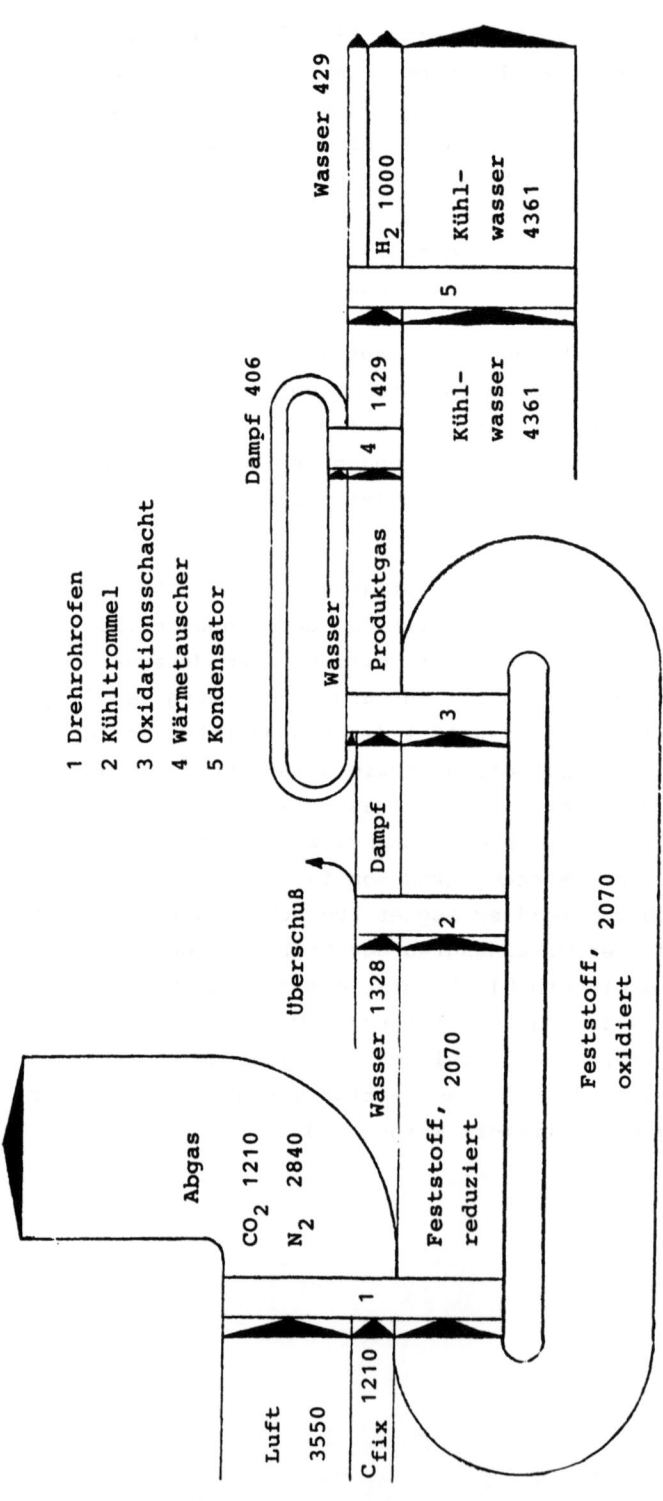

Bild 13: Massenbilanz für das Drehrohr-Schacht-Verfahren

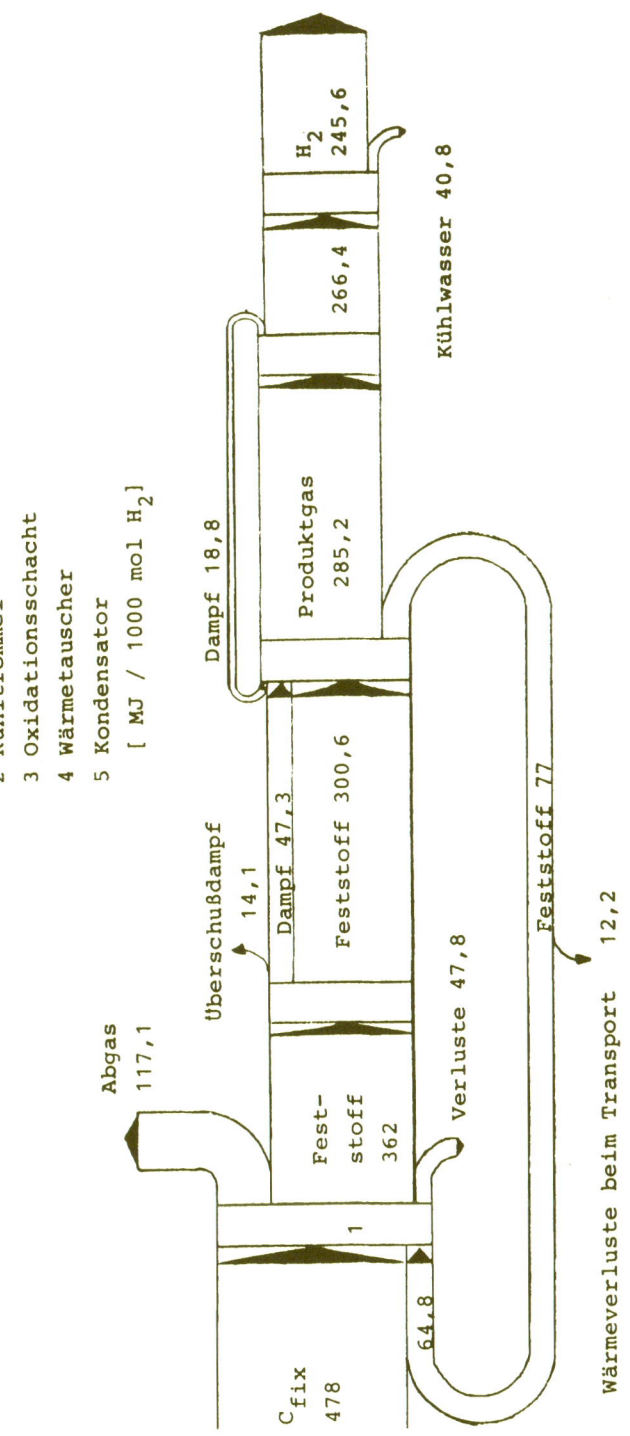

Bild 14: Energiebilanz für das Drehrohr-Schacht-Verfahren

4 Zusammenfassung

Die Probleme der zukünftigen Energieversorgung zwingen dazu, verstärkt Wasserstoff aus Kohle herzustellen. Im Eisen-Dampf-Prozeß wurde bereits Wasserstoff technisch erzeugt, indem Eisen mit Wasserdampf umgesetzt und die Oxide wieder reduziert werden. Hier wurde untersucht, ob dieses Verfahren durch andere Kreislaufstoffe oder neue Technologien verbessert werden kann, damit es früher einen Beitrag zur wirtschaftlichen Lösung der Energieprobleme leisten kann.

Die Untersuchung, welche Stoffe als Sauerstoffträger geeignet sind, zeigt, daß Eisen mindestens so lange zu bevorzugen ist, wie noch nicht durch kinetische Daten nachgewiesen ist, daß die Umsatzraten je Volumen bei anderen Stoffen wesentlich höher liegen. Die anderen Metalle weisen entweder für die gewünschte Reaktion ungünstige Gleichgewichtswerte auf oder sind im betrachteten Temperaturbereich flüssig oder flüchtig, so daß die Trennung des Reduktions- oder Produktgases vom Kreislaufstoff schwierig ist. Das Eisen wird im festen Zustand zweckmäßig in Form von Pellets eingesetzt, da diese die größte spezifische Oberfläche aufweisen.

Mehrere im Wirbelbett arbeitende Eisen-Dampf-Verfahren werden in der Literatur vorgeschlagen und in Labor- oder Pilotanlagen untersucht, konnten sich aber nicht durchsetzen, da Verfahren auf Erdölbasis bislang wirtschaftlicher sind.
Dies liegt zum Teil daran, daß sich in den vorgeschlagenen Wirbelbettverfahren nur schwerlich eine Gegenstromführung realisieren läßt, wodurch die Ausnutzungsgrade gering sind; und Stickingerscheinungen können den Prozeß stören.

Neuere Technologien, die in den letzten Jahren bei der Direktreduktion aufgekommen sind, weisen jedoch Wege zu technisch und damit wohl auch wirtschaftlich verbesserten Verfahren.

Zwei Wege werden betrachtet:
Erstens die Reduktion und Oxidation in einem Schachtofen und zweitens die Reduktion im Drehrohrofen und Oxidation im Schacht.

Die Teilprozesse der ersten Variante werden zweckmäßig in einem einzigen Schachtofen durchgeführt, der von oben nach unten Reduktions-, Kühl- und Oxidationszone umfaßt. Unerwünschte Gasströmungen lassen sich durch die Wahl des Druckes in den einzelnen Bereichen vermeiden.

Sowohl für den Reduktions- als auch für den Oxidationsteil werden in einer Modellrechnung der Verlauf von Temperatur und Abstand der Gaszusammensetzung vom Gleichgewicht über der Schachthöhe näherungsweise berechnet, und daraus folgende Betriebsbedingungen als günstig ermittelt: Das Reduktionsgas wird durch die Vergasung von Kohle mit Luft und Wasserdampf gewonnen und enthält 50 % Stickstoff und einen Oxidationsgrad von 10 %. Es wird mit 850 °C eingeblasen, die Gasmenge beträgt 570 m_N^3/t Fe.

Zur Kühlung der Beschickung von 850 auf 500 °C werden je Tonne Eisen 640 m_N^3 Produktgas von 110 °C umgewälzt. Je Tonne Eisen in der Beschickung fallen 280 m_N^3 Produktgas an, es enthält 70 % Wasserstoff und 30 % Dampf, der auskondensiert wird. Produkt- und Kühlgas werden zusammen mit einer Temperatur von 500 °C abgezogen und die fühlbare Wärme zur Dampferzeugung genutzt.

Der Wasserstoff wird gewonnen, indem Wasserdampf durch die Oxidation einer aus 15 % Fe, 85 % FeO bestehenden Beschickung zu Fe_3O_4 der Sauerstoff entzogen wird. Da bei der anschließenden Reduktion der Eisenoxide nur wieder dieser geringe Metallisierungsgrad zu erreichen ist, kann hierzu ein minderwertiges Gas mit hohem Stickstoffanteil verwendet und erheblich besser ausgenutzt werden, als dies bei der Eisenschwammerzeugung möglich ist.

Der thermische Wirkungsgrad des Verfahrens liegt über 70 %.

Bei der zweiten Variante erfolgt die Reduktion in einem Drehrohrofen, während die Oxidation wie zuvor beschrieben im Schacht durchgeführt wird.

Das Kreislaufmaterial wird 500 °C heiß mit Kohle vermischt, dem Drehrohrofen aufgegeben und im Gegenstrom durch die Brenngase weiter aufgeheizt. Der Kohlesatz wurde zu 128 kg C_{fix}/t Eisen abgeschätzt.

Nach dem Einsetzen der Boudouardreaktion reduziert das entstehende CO das Kreislaufmetall bis zu einer Zusammensetzung 15 % Fe, 85 % FeO. Überschüssiges CO verbrennt an der Feststoffoberfläche und liefert die für die Boudouardreaktion nötige Wärme. Die notwendige Verbrennungsluft wird durch Mantelbrenner eingeblasen. Kreislaufmaterial und Asche werden mit 930 °C ausgetragen und in einer Kühltrommel auf 500 °C gekühlt. Die Asche wird durch Siebung und Magnetscheidung abgetrennt. Die Wasserstofferzeugung erfolgt in einem Schacht, wie er oben beschrieben ist.

Daß der Prozeß durchführbar ist, wird anhand der Massen- und Energiebilanz nachgewiesen. Der thermische Wirkungsgrad beträgt über 50 %.

Bis auf welche Reste sich der Kohlenstoff vor Wiedereintritt des Kreislaufmaterials in den Oxidationsschacht entfernen läßt, kann noch nicht genau beurteilt werden. Der erzeugte Wasserstoff wird gewisse Verunreinigungen an Kohlenmonoxid oder -dioxid enthalten. Wie weit diese stören, hängt vom Einsatzbereich des Produktgases ab.

Mit zunehmender Verknappung oder relativer Verteuerung der anderen fossilen Brennstoffe wird die Wasserstoffgewinnung nach den hier beschriebenen Verfahren oder bei höchsten Reinheitsforderungen durch Elektrolyse an Interesse gewinnen. Die Arbeit zeigt, daß Komponenten aus anderen neueren Entwicklungen - insbesondere auf dem Gebiete der Direktreduktion - Wege zur Verbesserung des Verfahrens aufweisen.

Für die Dimensionierung der einzelnen Anlagenteile ist die Kenntnis der Umsatzraten aller beteiligten Reaktionen notwendig. Diese müssen teils noch in weiteren Untersuchungen bestimmt werden.

5 Literaturverzeichnis

[1] Bogdandy, L.v. und H.-J. Engell:
Die Reduktion der Eisenoxide
Verlag Stahleisen, Düsseldorf (1967), S. 35

[2] vgl. Stavenhagen, A.:
Der Wasserstoff
Verlag Vieweg und Sohn (1925), S. 15 ff

[3] Gasior, S.J. u.a.:
The Production of Synthesis Gas and Hydrogen by
the Steam-Iron Process
Report of Investigation 5911, U.S. Department
of the Interior, Bureau of Mines (1961)

[4] Katell, S., Faber, J.H. und P. Wellmann:
An Economic Evaluation of Hydrogen
Production by the Continuos Steam-Iron Process at
7 Atmospheres
Report of Investigations 6089, U.S. Department of the
Interior (1962)

[5] Esso Research and Engineering Company:
Ger 1242 193, (12.06.67)

[6] Tarmann, P.B. und D.V. Punwani:
Records of the 11th Intersociety Energy Conversion
and Engineering Conference (1976), Vol. 1, S. 286/96

[7] Kalla, U. und R. Steffen:
Stahl und Eisen 98 (1978), Nr. 23, S. 1211

[8] Colorado School of Mines Research Institute
Ger. Offen. 2515 859, (21.10.76)

[9] General Electric Co.:
Ger. Offen. 2301 178 (19.07.73)

[10] Sun Ventures Inc.:
Ger. Offen. 2507 612 (11.09.75)

[11] Richardson, F.R.:
Physical Chemistry of Melts in Metallurgy
Vol. 2, Academic Press, London (1974)

[12] Hütte, Taschenbuch für Eisenhüttenleute:
Verlag Stahleisen, Düsseldorf, 5. Aufl. (1967), S. 419

[13] Jeschar, R., Pötke, W. und O. Carlowitz:
Stahl u. Eisen 99 (1979), Nr. 17, S. 904

Tabelle 1: Ergebnisse der Modellrechnung für

Rech-nung Nr.	Zone	Feststoff						Gas
		Fe mol.%	FeO mol.%	Fe_3O_4 mol.%	c_p $\frac{J}{mol\,K}$	H_2 $\frac{mol}{mol\,Fe}$	%	H_2 $\frac{mol}{mol\,Fe}$
1	I	20	80	0	53,1	0,533	70	0,228
	II	10	90	0	55	0,433	56,9	0,328
	III	0	100	0	56,9	0,333	43,8	0,428
	IV	0	80	20	59	0,267	35,1	0,494
	V	0	60	40	61	0,2	26,3	0,561
	VI	0	40	60	63	0,133	17,5	0,628
	VII	0	20	80	65	0,067	8,8	0,694
		0	0	100	67	0	0	0,761
	VIII				67			
2	I	20	80	0	53,1	0,533	80	0,133
	II	10	90	0	55	0,433	65	0,233
	III	0	100	0	56,9	0,333	50	0,333
	IV	0	80	20	59	0,267	40	0,399
	V	0	60	40	61	0,2	30	0,466
	VI	0	40	60	63	0,133	20	0,533
	VII	0	20	80	65	0,067	10	0,599
		0	0	100	67	0	0	0,666
	VIII				67			
		15	85	0	54,7	0,483	70	0,207

Oxidationsschacht

$\dfrac{V}{\dfrac{m_N^3}{g\ Fe}}$	c_p $\dfrac{J}{mol\ K}$	$c_{p\ Fest}$ $\dfrac{J}{mol\ K}$	$c_{p\ Gas}$ $\dfrac{J}{mol\ K}$	Q_V $\dfrac{kJ}{mol}$	H $\dfrac{kJ}{mol}$	T °C	T °C	$c_{H_2}^{Gl}$ %	Δc %
	33,7						500	87	17
		54	34,3	0,67	1,96	46			
	35						546	82	25,1
		56	35,6	0,67	1,96	45		78	34,2
	36,3						591	71	27,2
		58	36,7	0,67	3,2	84			
	37,2						675	51	15,9
,31		60	37,6	0,67	3,2	81			
	38,1						756	38	11,7
		62	38,5	0,67	3,2	77			
	39						833	26	8,5
		64	39,4	0,67	3,2	74			
	39,9						907	18	9,2
		66	40,3	0,67	3,2	72			
	40,8						979	13[1)	13
	40,8						572		
	32,6						500	87	7
		54	33,3	0,67	1,96	41			
	34,2						541	83	18
		56	34,9	0,67	1,96	39		78	28
	35,7						580	74	24
		58	36,2	0,67	3,2	75			
	36,7						655	56	16
,27		60	37,2	0,67	3,2	72			
	37,7						737	39	9
		62	38,2	0,67	3,2	69			
	38,7						806	29	9
		64	39,2w	0,67	3,2	67			
	39,7						873	21	11
		66	40,2	0,67	3,2	65			
	40,8						938	14[1)	14
	40,8						598		
	33,7						500	87	17

3	I	10	90	0	55	0,433	62,8	0,257
	II	0	100	0	56,9	0,333	48,3	0,357
	III	0	80	20	59	0,267	38,7	0,423
	IV	0	60	40	61	0,2	29	0,49
	V	0	40	60	63	0,133	19,3	0,557
	VI	0	20	80	65	0,067	9,7	0,623
	VII	0	0	100	67	0	0	0,69
	VIII				67			
4	I	10	90	0	55	0,433	70	0,186
	II	0	100	0	56,9	0,333	53,8	0,286
	III	0	80	20	59	0,267	43,1	0,352
	IV	0	60	40	61	0,2	32,2	0,419
	V	0	40	60	63	0,133	21,5	0,486
	VI	0	20	80	65	0,067	10,8	0,552
	VII	0	0	100	67	0	0	0,619
	VIII				67			
	I	10	90	0	55	0,433	70	0,186
	II	0	100	0	56,9	0,333	53,8	0,286
	III	0	80	20	59	0,267	43,1	0,352
	IV	0	60	40	61	0,2	32,2	0,419
	V	0	40	60	63	0,133	21,5	0,486
	VI	0	20	80	65	0,067	10,8	0,552
	VII	0	0	100	67	0	0	0,619
	VIII				67			

[1] Fe_3O_4 im Gleichgewicht mit Spuren von FeO

	34,8						517	85	22,2
	35,9	56,4	35,3	0,67	1,96	40	557	80	31,7
	36,9	58	36,4	0,67	3,2	77	634	60	21,3
8	37,8	60	37,3	0,67	3,2	74	708	44	15
	38,8	62	38,3	0,67	3,2	71	779	33	13,7
	39,8	64	39,3	0,67	3,2	69	848	24	14,3
	40,8	66	40,3	0,67	3,2	67	914	18[1)]	18
	40,8						572		
	33,7						500	87	17
	35,3	56	34,5	0,67	1,96	37	537	83	29,2
	36,4	58	35,8	0,67	3,2	71	608	64	20,9
25	37,5	60	36,9	0,67	3,2	68	676	51	18,7
	38,6	62	38	0,67	3,2	66	742	39	17,5
	39,7	64	39,1	0,67	3,2	64	806	29	18,2
	40,8	66	40,2	0,67	3,2	62	868	22[1)]	22
	40,8						578		
	33,7						600	77	7
	35,3	56	34,5	0,67	1,96	37	637	72 / 58	18,2 / 4,2
	36,4	58	35,8	0,67	3,2	71	708	44	0,9
25	37,5	60	36,9	0,67	3,2	68	776	36	3,7
	38,6	62	38	0,67	3,2	66	842	26	4,5
	39,7	64	39,1	0,67	3,2	64	906	18	7,2
	40,8	66	40,2	0,67	3,2	62	968	13[1)]	13
	40,8								

Tabelle 2: Ergebnisse der Modellrechnung für den Reduktionsteil

Zone	CO		CO_2		H_2		H_2O		c_{pGas}	Fe	FeO	Fe_3O
	mol	%	mol	%	mol	%	mol	%	$\frac{J}{mol\ K}$	mol%	mol%	mol%
I	31,5	22,5	3,5	2,5	31,5	22,5	3,5	2,5	32,5	15	85	0
II	29	29,7	6	4,3	29	20,7	6	4,3	33,1	10	90	0
III	24	17,1	11	7,9	24	17,1	11	7,9	34,2	0	100	0
IV	19	13,6	16	11,4	19	13,6	16	11,4	35,3	0	70	30
V	14	10	21	15	14	10	21	15	36,3	0	40	60
VI	9	6,4	26	18,6	9	6,4	26	18,6	37,4	0	10	90
	7,3	5,2	27,7	19,8	7,3	5,2	27,7	19,8	37,7	0	0	100
VII									37,7			

c_{pGas}	c_{Fest}	ΔH	ΔC_V	ΔH_{Luft}	ΔT	T	$\frac{CO}{CO+CO_2}$	c_{CO}^{Gl}	Δc_{CO}	$\frac{H_2}{H_2+H_2O}$	$c_{H_2}^{Gl}$	Δc_{H_2}
$\frac{J}{mol\%}$	$\frac{J}{mol\,K}$	$\frac{kJ}{mol}$	$\frac{kJ}{mol}$	$\frac{kJ}{mol}$	°C	°C	%	%	%	%	%	%
						850	90	68	22	90	64	26
32,8	54,9	+0,58	−0,45	0	−14	836	83	67	16	83	65	18
33,6	56	+1,16	−0,9	0	−28	808	69	66	3	69	66	3
34,7	57,5	−1,05	−0,9	+1,5	50			30	39		30	39
35,8	61,5	−1,05	−0,9	+1,5	40	858	54	26	28	54	23	31
36,8	64,5	−1,05	−0,9	+1,0	73	898	40	23	17	40	19	21
37,5	66,5	−0,35	−0,3	0	46	971	25	20	5	25	13	12
						1017	20	18	2	20	11	9
						500						

FORSCHUNGSBERICHTE
des Landes Nordrhein-Westfalen

*Herausgegeben
vom Minister für Wissenschaft und Forschung*

Die „Forschungsberichte des Landes Nordrhein-Westfalen" sind in zwölf Fachgruppen gegliedert:

Geisteswissenschaften
Wirtschafts- und Sozialwissenschaften
Mathematik / Informatik
Physik / Chemie / Biologie
Medizin
Umwelt / Verkehr
Bau / Steine / Erden
Bergbau / Energie
Elektrotechnik / Optik
Maschinenbau / Verfahrenstechnik
Hüttenwesen / Werkstoffkunde
Textilforschung

SPRINGER FACHMEDIEN WIESBADEN GMBH
5090 Leverkusen 3 · Postfach 30 06 20

MIX
Papier aus verantwortungsvollen Quellen
Paper from responsible sources
FSC® C105338

If you have any concerns about our products,
you can contact us on
ProductSafety@springernature.com

In case Publisher is established outside the EU,
the EU authorized representative is:
**Springer Nature Customer Service Center GmbH
Europaplatz 3, 69115 Heidelberg, Germany**

Printed by Libri Plureos GmbH
in Hamburg, Germany